BEI GRIN MACHT SICH IHR WISSEN BEZAHLT

AF153424

- Wir veröffentlichen Ihre Hausarbeit,
  Bachelor- und Masterarbeit

- Ihr eigenes eBook und Buch -
  weltweit in allen wichtigen Shops

- Verdienen Sie an jedem Verkauf

Jetzt bei www.GRIN.com hochladen und kostenlos publizieren

Fraktale. Ein Überblick über die Entdeckung, Grundlagen und Anwendung

Bibliografische Information der Deutschen Nationalbibliothek:

Die Deutsche Nationalbibliothek verzeichnet diese Publikation in der Deutschen Nationalbibliografie; detaillierte bibliografische Daten sind im Internet über http://dnb.d-nb.de abrufbar.

ISBN: 9783389116371
Dieses Buch ist auch als E-Book erhältlich.

© GRIN Publishing GmbH
Trappentreustraße 1
80339 München

Druck und Bindung: Books on Demand GmbH, Norderstedt Germany
Gedruckt auf säurefreiem Papier aus verantwortungsvollen Quellen

Das vorliegende Werk wurde sorgfältig erarbeitet. Dennoch übernehmen Autoren und Verlag für die Richtigkeit von Angaben, Hinweisen, Links und Ratschlägen sowie eventuelle Druckfehler keine Haftung.

Das Buch bei GRIN: https://www.grin.com/document/1558859

„Wolken sind keine Kugeln,

Berge keine Kegel,

Küstenlinien keine Kreise.

Die Rinde ist nicht glatt – und auch

der Blitz bahnt sich seinen Weg

nicht gerade."

Benoît Mandelbrot in seinem Buch *Die fraktale Geometrie der Natur*

Inhaltsverzeichnis

1. Einleitung

Sie umgeben uns tagtäglich in den verschiedensten Situationen, sind der Schlüssel der modernen Kommunikationsgesellschaft und ein elementarer Baustein allen Lebens: die Fraktale. Nach ihren Mustern und Prinzipien richten sich nicht nur viele weitere mathematische Gebiete, sonder auch biologische Prozesse wie die Evolution, die Formen fraktaler Geometrie in der Natur hervorgebracht hat, bis hin zu den technischen Neuerungen, die die Verbreitung unserer Kommunikations- und Informationsmittel wie Mobiltelefone erst möglich machte, die heute aber als selbstverständlich angesehen werden. [1][a]

Aber obwohl sie für unser Leben von so großer Bedeutung sind, war die Wissenschaft lange nicht in der Lage diese teilweise so offensichtlichen und alltäglichen Formen zu beschreiben oder die Struktur sogar erst einmal zu erkennen.

„Plötzlich ging der Vorhang auf. Man konnte klar erkennen, dass es diese Formen immer schon gegeben hat, nur hatte sie keiner gesehen." [1][b] Mit diesen Worten beschreibt Ralph Abraham von der University of California die Entdeckung der fraktalen Geometrie und ihr plötzlich offensichtliches Vorkommen in der Natur.

Es eröffneten sich nicht nur in der Mathematik ganz neue Themengebiete, auch der Biologie, IT-Wissenschaften und vielen mehr gelangen durch diese Entdeckung ungeahnte Fortschritte durch eine Erweiterung oder Überarbeitung gängiger Theorien. Nun stellte man sich jedoch eine entscheidende Frage: Welche praktische Probleme können diese neuen Erkenntnisse für die Forschung und damit die Menschheit lösen? Aber auch: welche Chancen ergeben sich dadurch auch für moderne Gesellschaften?

Auf diese Fragen wird in der folgenden Arbeit anhand einiger Beispiele Bezug genommen und das Wirken und der Einfluss fraktaler Geometrie in unserem Alltag verdeutlicht. Dafür wird zuerst auf die Entdeckungshintergründe eingegangen, dann einige Grundlagen – unter anderem was ein Fraktal ausmacht – beleuchtet und das wohl bekannteste Fraktal, die Mandelbrot-Menge vorgestellt. Abschließend wird noch ein Ausblick auf die Anwendung von Fraktalen gewährt.

2. Die Geschichte der Entdeckung der Fraktale durch Benoît Mandelbrot

Dr. Benoît B. Mandelbrot wurde am 20. November 1924 in Warschau geboren. Er erhielt schon früh durch seinen Onkel, der selbst Professor für Mathematik war, Einblicke in die Welt der Mathematik. [2][a]

Mit der Machtergreifung der Nationalsozialisten allerdings sah sich seine Familie gezwungen, aufgrund der drohenden Gefahr 1936 nach Paris auszuwandern, später zog man unter anderem nach Lyon um. Dort besuchte Mandelbrot einen Kurs, bei dem er nach der High School auf weitere Prüfungen und den Alltag in einer Elite-Universität vorbereitet werden sollte. Weil er später in den Kurs eingestiegen war, verstand er zuerst nicht viel von der sehr abstrakten Algebra, die dort gelehrt wurde. Über die Wochen hinweg empfand er die gestellten Aufgaben und Probleme als Zwang. Plötzlich allerdings fiel ihm zufällig auf, dass er diese Fragestellungen vor dem geistigen Auge auch als konkrete geometrische Konstruktionen wahrnehmen und zum besseren Verständnis in solche umwandeln konnte. [2][b]

Erstes Aufsehen und den Ruf eines Hochbegabten erlangte er, als er durch diese Vorgehensweise als einziger Schüler in ganz Frankreich eine Aufgabe bei einem Test löste. Dazu versuchte er nicht, wie der Rest der Schüler und die Aufgabenstellung vermuten ließ, ein Integral zu berechnen, sondern erkannte, dass dieses Integral auf einer Kreisformel beruhte. Dadurch konnte er die Angaben im Kopf geometrisch visualisieren, die Koordinaten in die Gleichung einsetzen und geschickt die Lösung errechnen. [1][c]

Danach absolvierte er ein Studium der Ingenieurwissenschaften an der École polytechnique bei Gaston Julia, der durch seine Forschung selbst schon Beiträge zur fraktalen Geometrie leistete und auf dessen Erkenntnissen bei der Berechnung der nach ihm benannten Julia-Menge auch Mandelbrots Werk beruhte, und ein Studium der Luftfahrt am California Institute of Technology, das er mit dem Master abschloss. In sein späteres Fachgebiet stieg er vertieft nach seinen Studien ein, als er an der Universität von Paris einen Doktortitel der Mathematik erwarb. Zwischen 1949 und 1957 war er als wissenschaftlicher Mitarbeiter am Centre national de la recherche scientifique für Grundlagenforschung tätig.

Nach seiner Heirat 1955 und zahlreichen Aufenthalten und Anstellungen bei Universitäten über die Zeit hinweg wechselte Mandelbrot 1958 zur Forschungsabteilung des Thomas J. Watson Research Centers bei IBM in Yorktown Heights, New York. Das aufstrebende Geschäft der Informationstechnologie und der immer weiter verbreitete Computer brachten dem Unternehmen schnell den Ruf eines Pioniers und Visionärs der Zeit. Deswegen wurde versucht, dieses Image auch durch die Einstellung von kreativen Denkern mit neuen Ideen, die diese an

Bedeutung gewinnende Branche für die Zukunft rüsten sollten. Mandelbrot wurde Teil eines Teams junger Tüftler und Mathematiker, die ausschließlich in der Forschung aktiv waren. [1][d]

In dieser Zeit gelangen Mandelbrot die größten Erfolge seiner Karriere und er erlangte durch Vorlesungen und Veröffentlichungen zur fraktalen Geometrie, ihrer Theorie und der praktischen Anwendung viel Aufsehen und Anerkennung.

Dort war Mandelbrot bis 1990 beschäftigt, bis seine Abteilung aufgelöst wurde und er an verschiedenen Universitäten sein Werk fortsetzte.

Die Fraktale erregten erstmals 1975 durch sein Werk *Fractals: Form, Chance and Dimension* Aufsehen. Allerdings waren die etablierten Wissenschaftler wenig begeistert von diesen neuen und teilweise auch revolutionären Ideen und lehnten seine Forschung strikt ab. Fraktale seien ein bloßes Produkt von Phantasie und eine Erfindung der Computer. Diese Meinung änderte sich erst, als Mandelbrot 1982 im Buch *Die fraktale Geometrie der Natur* seine Forschungsergebnisse konkretisierte und als Antwort auf die Kritik mit vielen Beispielen aus dem Alltag und der Natur belegte.

Mandelbrot starb am 14. Oktober 2010 im Alter von 85 Jahren an Bauchspeicheldrüsenkrebs in Cambridge, Massachusetts. Er hinterlässt eine Frau, zwei Söhne und drei Enkelkinder, die auch nach seinem Tod sein wissenschaftliches Erbe weiterführen und seine Arbeit publizieren.

Mandelbrot wurde nach seinem Tod unter anderem vom deutschen Mathematiker Professor Heinz-Otto Peitgen als eine der bedeutendsten Persönlichkeiten der Mathematik der letzten 50 Jahre bezeichnet. [3]

Die Zeitung *The Economist* rühmte ihn aufgrund seiner weitreichenden Erfolge als grandiosen Wissenschaftler und in Anerkennung seiner Leistung sogar als „Vater der fraktalen Geometrie" [4].

3. Grundlagen fraktaler Geometrie

3.1. Definition eines Fraktals

Die Frage, wie man ein Fraktal sowohl richtig als auch umfassend definieren könnte, beschäftigt seit den Anfängen dieses noch vergleichsweise jungen Teilgebiets der Mathematik die Wissenschaftler. Selbst ihr Begründer, Dr. Benoît B. Mandelbrot, konnte diese Frage nicht ausreichend beantworten, da durch jeden bisherigen Versuch, Fraktale von allen übrigen Objekten durch eine Definition abzugrenzen, Gebilde dadurch ausgeschlossen wurden, die offensichtlich fraktale Eigenschaften aufwiesen. [5][a]

Bisweilen versucht man Fraktale bestmöglich durch mehrere vereinende Eigenschaften abzugrenzen. Diese beiden Eigenschaften – die Dimension eines Fraktals und seine Skaleninvarianz – werden zwar im Folgenden als eine Art Definition der behandelten Fraktale gesehen, es ist aber über diese Schilderungen hinaus zu beachten, dass durchaus Fraktale existieren, die keine jener beiden Eigenschaften erfüllen oder manche nur begrenzt.

3.2. Skaleninvarianz

Formell handelt es sich bei einem Fraktal um eine begrenzte Teilmenge aus Punkten eines vollständigen Raumes. Der Raum kann z. B. $\mathbb{R}$, $\mathbb{R}^2$ oder allgemein $\mathbb{R}^n$ sein, also ein Raum mit der Dimension 1, 2 bzw. n. Der Einfachheit und besseren Verständlichkeit halber werden im Folgenden jedoch ausschließlich zweidimensionale Räume zur Beschreibung vorausgesetzt.

Fraktale Gebilde sind meist zu einem großen Teil selbstähnlich. Selbstähnlichkeit, auch Skaleninvarianz oder Skalenunabhängigkeit genannt, ist die Eigenschaft eines Objekts oder einer Menge, unabhängig vom betrachteten Maßstab und trotz einer Veränderung der Skalierung ähnliche Strukturen aufzuweisen. [6]

Das bedeutet, dass bei einer Vergrößerung eines Ausschnitts eines Fraktales immer neue und kleinere Strukturen erkennbar sind, unabhängig davon, um wie viel der ursprüngliche Ausschnitt vergrößert oder verkleinert wurde.

Abb. 1 : Zoom in das Sierpinski-Dreieck hinein

Diese kleineren Ausschnitte sind dann bei geeigneter Vergrößerung in ihrer groben Struktur den ursprünglich sichtbaren Formen ähnlich. So entstehen wiederum bei entsprechender Vergrößerung Formen, die der Abbildung des ursprünglichen Ausschnittes ähneln. Diese grundlegende Eigenschaft verbindet alle Fraktale. „Das ist beispielsweise der Fall, wenn ein Objekt aus mehreren verkleinerten Kopien seiner selbst besteht." [7]

Man sagt auch, das Fraktal hat „Details auf allen Stufen" [8]. Dieses Merkmal unterscheidet Fraktale von Objekten der klassischen Geometrie, bei deren Vergrößerung, beispielsweise des Randes eines Kreises, zunehmend annähernd eine Gerade sichtbar wird.

3.3. Die fraktale Ähnlichkeitsdimension

Fraktale besitzen anders als die meisten üblichen Objekte der euklidischen Geometrie[1], die sonst in der Mathematik betrachtet werden, meist keine ganzzahlige Dimension, sondern eine gebrochene (lat. *fractus*, daher der Name *Fraktal*), nicht-ganzzahlige Dimension. Diese Dimension ist dabei größer als ihre topologische Dimension[2].

Diese Dimension eines Fraktals wird als fraktale Ähnlichkeitsdimension D bezeichnet, da sie wie folgt definiert ist:

$$D = \frac{\log\left(Anzahl\ selbst\ddot{a}hnlicher\ Teilchen\right)}{\log\left(Verkleinerungsfaktor\right)}$$

Im Folgenden wird diese Formel nun am Beispiel des Sierpinski-Dreiecks erläutert.

Dieses wird erzeugt, indem aus einem großen, schwarzen, gleichseitigen Dreieck auf weißem Grund jeweils in der Mitte ein halb so großes Dreieck entfernt wird. Dieser Schritt wird nun pro Iteration für die aus dem Anfangsdreieck entstehenden drei kleineren, schwarzen Dreiecke wiederholt, sodass jeweils aus einem großen drei kleine Dreiecke werden. Dabei bleibt die Methodik, wie das kleine Dreieck weggenommen wird und nach welchen Mustern man dabei vorgeht, immer gleich, sodass die kleinen Dreiecke immer selbstähnlich zu den vorhergehenden, nächstgrößeren sind. Diese Vorgehensweise wird für die ersten sechs Iterationszyklen in Abbildung 3 dargestellt.

---

[1] Anschauliche Geometrie des Zwei- und Dreidimensionalen; u.a. in der Schule vermittelt
[2] Vereinfacht: ganzzahlige Dimensionen, die für Menschen wahrnehmbar; eindimensionale Linie, zweidimensionale Fläche etc.

Abb. 2: Das Sierpinski-Dreieck in seinen ersten sechs Iterationen

Um nun aus der Abbildung die fraktale Ähnlichkeitsdimension zu errechnen, muss man lediglich zwei aufeinanderfolgende Iterationen miteinander vergleichen. So sieht man, dass von Stufe 1 auf 2 aus einem Dreieck genau drei kleinere, schwarze Dreiecke werden. Somit gilt:

$$\log\ (Anzahl\ selbst\text{ä}hnlicher\ Teilchen) = \log(3)$$

Der Verkleinerungsfaktor besagt, um wie viel pro Stufe das große Dreieck verkleinert werden musste, um ein kleines zu erhalten. Hier eignet sich die Wahl der Betrachtung des Sierpinski-Dreiecks besonders, da es lediglich aus gleichseitigen Dreiecken aufgebaut ist. Alle Seitenlängen sind somit gleich lang. Man erkennt, dass auf einer Seitenlänge eines großen Dreiecks zwei halb so große Seitenlängen kleinerer Dreiecke liegen. Folglich gilt zudem:

$$\log\ (Verkleinerungsfaktor) = \log(2)$$

Nun kann man beide Teile in die Gleichung zur Berechnung der fraktalen Ähnlichkeitsdimension einsetzen und diese berechnen.

$$D = \frac{\log\ (Anzahl\ selbst\text{ä}hnlicher\ Teilchen)}{\log\ (Verkleinerungsfaktor)} = \frac{\log(3)}{\log(2)} \approx 1{,}58$$

Somit liegt die fraktale Ähnlichkeitsdimension des Sierpinski-Dreiecks zwischen dem Eindimensionalen einer Linie und dem Zweidimensionalen einer Fläche. Dieser Wert ist für unser menschliches Vorstellungsvermögen allerdings nicht wahrnehmbar, da für uns die entstehenden Dreiecke immer noch als Flächen empfunden werden. Tatsächlich ist diese Zweidimensionalität aber durch das Entfernen des mittleren Dreiecks nicht mehr gegeben. Die Dimension sinkt auf einen Wert zwischen 1 und 2 ab. Das hängt damit zusammen, dass die Formel zur Berechnung der fraktalen Ähnlichkeitsdimension nicht durch empirische Erkenntnisse sondern per Definition festgelegt wurde. Somit fehlt ihr der Bezug zu einer uns verständlichen und wahrnehmbaren Praxis.

3.4. Unendlichkeit eines Fraktals in sich selbst

Fraktale sind in sich selbst in der Theorie meist unendlich. Das lässt sich auch unten am Beispiel von Abbildung 4 sehen.

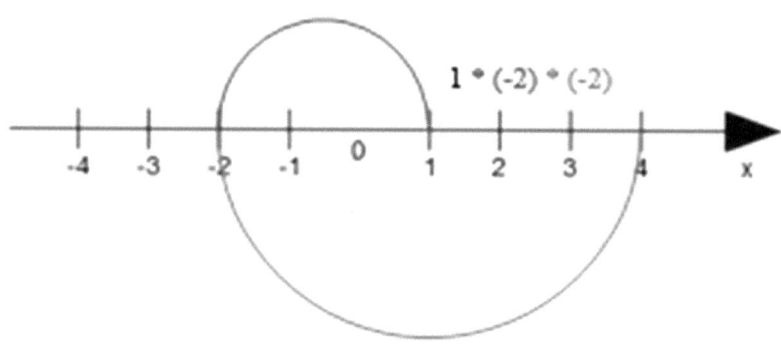

Abb. 3: Kurve, die unendlich weitergeführt werden könnte

Hierbei wurde die Zahl *1* als Startwert fortlaufend für 2 volle Iterationszyklen mit $(-2)^n$ multipliziert. n gibt hierbei die Anzahl der vollständigen Iterationen an. Die Ergebnisse dieser Folge an Rechnungen mit den jeweils entstandenen Zwischenergebnissen als neue Startwerte wurden jeweils auf die Zahlengerade aufgetragen, sodass sich eine Kurve – vergleichbar mit einer halben Drehung – pro Iterationsstufe ergibt. Am Ende der ersten vollen Wiederholung ist die Zahl 1 dann auf $x = 1 \cdot (-2)^1$, als auf $x = -2$, dem Ende der blauen Kurve abgebildet.

Dieser Schritt wird nun auch für $n = 2$ wiederholt, wodurch sich über dem neuen Startwert *-2* die orangene Kurve mit dem Endwert *4*, also $x = 1 \cdot (-2)^2$, ergibt.

Weil diese mathematische Operation nun aber für alle Zahlen $n \in \mathbb{R}^+$ stets fortgesetzt werden könnte, da $\mathbb{R}^+$ einseitig begrenzt ist, wären auch die durch dieses Beispiel entstehenden Kurven sowohl unendlich lang, als auch unendlich detailliert unabhängig von der betrachteten Skalierung. Diese entstandene Figur wäre selbstähnlich und jeweils aus verkleinerten Kopien der jeweils vorhergehenden Iteration zusammengesetzt. Sie ist somit fraktal.

In der Praxis ist diese Unendlichkeit meist nicht gegeben. So ist die Spiegelung eines Regentropfens in einem zweiten Tropfen fraktal, da sich die Abbilder dieser Tropfen immer kleiner zurückspiegeln. In der Theorie ist dieser Vorgang unbegrenzt wiederholbar. In der Praxis wird der betrachtete Raum, auf dem gespiegelt wird so klein, dass man zum einen die Spiegelungen nicht mehr mit dem Auge wahrnehmen könnte, zum anderen ist auf kleinerem Raum auch umso weniger Licht in Form von Photonen vorhanden, wodurch auch eine Spiegelung unmöglich wird. Dieses Fraktal wäre somit unter realen Umständen endlich.

3.5. Die Mandelbrot-Menge

Das wohl berühmteste Fraktal ist die sogenannte *Mandelbrot-Menge* $\mathbb{M}$. Sie bildet eine Teilmenge der Komplexen Zahlen $\mathbb{C}$.

Die Folge, die ihrem Erfinder zu Ehren benannt wurde, wird durch die folgende Formel beschrieben:

$$z_{n+1} = z_n^2 + c$$

Dabei wird mit $Z_0 = 0$ mit zunehmender Iteration die Folge bestimmt, wobei $n \in \mathbb{N}$ vorausgesetzt wird.

Um diese Menge dann – wie für ein Fraktal typisch – graphisch darzustellen werden diese Punkte in ein Koordinatensystem eingetragen und eingefärbt. In der in Abbildung 5 verwendeten Farbgebung aus zwei Farben sind diejenigen Punkte $c \in \mathbb{C}$, die auf diesem Koordinatensystem Werten, die in $\mathbb{M}$ enthalten sind, entsprechen, schwarz eingefärbt. Der Rest der Punkte c, der nicht Teil der Mandelbrot-Menge ist, bleibt weiterhin weiß. Die somit entstehende Figur in Abbildung 5 wird aufgrund ihrer Form zudem häufig als *Apfelmännchen* bezeichnet.

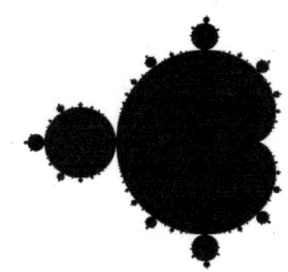

Abb. 4: Die Mandelbrot-Menge

Alternativ wird die Mandelbrot-Menge auch oft mehrfarbig dargestellt. In dieser Darstellungs-weise sind mehrere Informationen enthalten. In Abbildung 6 ist die Mandelbrot-Menge weiter-hin schwarz gefärbt, die Punkte um sie herum sind verschiedenfarbig.

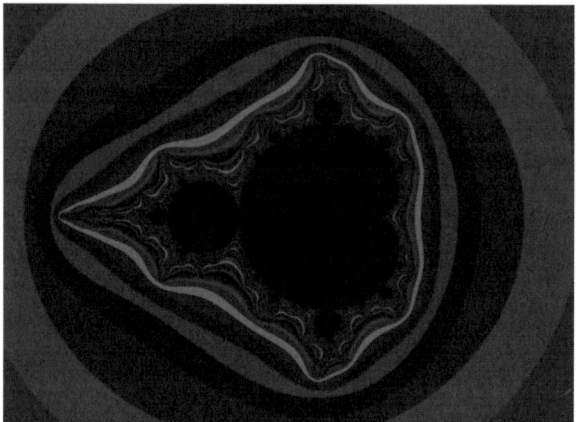

Abb. 5: Die Mandelbrot-Menge in eingefärbter Umgebung

Die Farbe dieser Punkte wird dabei dadurch bestimmt, wie viele Iterationszyklen der Gleichung notwendig sind, bis ein bestimmter Grenzwert, der meist bei einer Zehnerpotenz liegt, erreicht wird. Jede neue Farbabstufung bedeutet hierbei eine weitere Iteration, die nötig ist, um diesen Grenzwert mit dem neuen Ergebnis der Gleichung zu erreichen oder noch zu überschreiten. Vereinfacht lässt sich also sagen, dass je weiter die Farbabstufung mit dem gewählten Punkt von der Mandelbrot-Menge als Zentrum entfernt ist, desto schneller strebt auch der Punkt bei wiederholtem Einsetzen in die Formel des Fraktals gegen Unendlich. Das lässt sich leicht dar-aus begründen, dass je schneller ein solcher Wert sich pro Wiederholung dem Unendlichen annähert, desto weniger Wiederholungen sind nötig, um den Grenzwert zu erkennen.

4. Anwendung fraktaler Geometrie

Doch die fraktale Geometrie ist nicht nur auf ihre Theorie beschränkt. So sind viele natürlich vorkommende Formen und Gebilde auch bei genauer Betrachtung fraktal. Da allerdings der Umfang dieser Arbeit begrenzt ist, das Thema und die zahlreichen Anwendungsmöglichkeiten fraktaler Geometrie jedoch nahezu unbegrenzt sind, wird der Einfluss der Entdeckung der Frak-tale folglich nur anhand eines Beispiels exemplarisch dargestellt, weitere können lediglich er-wähnt werden, um auf die Reichweite der Fraktale hinzuweisen.

4.1. Küstenlinien

Lange Zeit war man sich unter Geographen uneinig, wie man die Länge von Landesgrenzen oder Küstenlinien berechnen und angeben sollte. Es bestand mitunter sogar eine Abweichung verschiedener Datensätze zur Küstenlänge Großbritanniens um teilweise bis zu einem niedrigen zweistelligem Prozentwert. Diese Diskrepanz war darauf zurückzuführen, dass Küstenlängen keine gewöhnlich leicht zu vermessenden geometrische Objekte sind, sondern fraktale Eigenschaften besitzen. [5][b]

So hängt die Länge der vermessenen Küste sehr stark von der Genauigkeit der für die Messung benutzen Karten und ihrem Maßstab und der Exaktheit der Messung ab. [1][e]

Abb. 6: Vermessung der Küstenlinie Großbritanniens mit verschiedenen Maßen

Misst man wie zu Beginn von Abbildung 7 beispielsweise die Küstenlänge mit einem Maß der Länge 200 Kilometer, so lässt sich die Gesamtlänge mit ungefähr 2350 Kilometern beziffern. Wählt man ein kleineres Maß, so kann man mit diesem wie im zweiten Teil der Abbildung mit 100 Kilometern Maßlänge viel mehr kleinere Details zusätzlich vermessen, die bei einem größeren Maß nicht hätten berücksichtigt werden können. Die hiermit gemessene Küstenlänge steigt somit auch auf 2775 Kilometer an, da nicht nur der grobe Umriss, sondern auch kleinere Buchten berücksichtigt wurden.

Schon bei einem Vierteln der Maßlänge steigt der erhaltene Wert der Gesamtküstenlänge auf ungefähr 3425 Kilometer an. Dies entspricht sogar einem um ca. 45 Prozent größeren Wert als bei einer Berechnung mit einem Maß der Länge 200 Kilometer. [9]

Nun ist aber zu berücksichtigen, dass man den Umriss Großbritanniens noch viel weiter hätte maßstäblich vergrößern können. Dadurch wären wiederum noch kleinere Strukturen und Ausbuchtungen erkennbar gewesen, die man mit einem noch kleineren Maß hätte messen können. Dieser Vorgang ließe sich nahezu unendlich fortsetzen, weshalb man keinen festen Wert für die Küstenlänge angeben könnte, da dieser von der Genauigkeit der Betrachtung abhängt.

Dies ist damit zu begründen, dass die Küstenlänge fraktale Eigenschaften besitzt. So werden bei einer Veränderung der betrachteten Größenordnung immer neue, kleinere Strukturen messbar.

Da man sich dieses Problems nun bewusst ist, werden heutzutage nur noch selten Aussagen über die Länge einer Küste oder Landesgrenze getroffen oder sie werden unter bestimmten Betrachtungsbedingungen getätigt.

4.2. Weitere Fraktale in der Natur

Ebenso fraktal ist auch der Herzschlag. So ist unser Puls eine Zusammensetzung aus größeren und kleineren Druckwellen durch unseren Körper. Diese sind nur bei immer genauerer Messung und Betrachtung beobachtbar. Jedoch folgen sie stets dem gleichen Muster, nach dem sie auftreten. [1][f]

Mithilfe fraktaler Geometrie lässt sich auch die mögliche CO_2-Aufnahmekapazität ganzer Wälder abschätzen, da man erkennt, dass Astgabelungen und weitere kleinere Verzweigungen an diesen selbstähnlich zu einem ganzen Baum sind. Betrachtet man nun einen ganzen Wald voller Bäume, so muss man lediglich die CO_2-Aufnahme eines Baumes oder einer Astgabelung ermitteln, um diese für den ganzen Wald oder ein noch komplexeres und umfassenderes Ökosystem schätzungsweise berechnen zu können. [1][g]

Sogar in unseren Mobiltelefonen und Computern, die maßgeblich unsere Gesellschaft prägen, stecken Fraktale. So sind Prozessoren und Speicherchips fraktal aufgebaut, da sie nur somit eine maximale Kapazität und Leistungsfähigkeit bei trotzdem geringer Größe haben können. Auch die Antennen, die für WLAN, Bluetooth und ähnliches verbaut sind, sind nach diesem Muster entwickelt. Dadurch ist der Empfang eines breiten Frequenzspektrums bei geringer Größe möglich, ohne dass es dabei nötig ist, diese vielen Antennen außen am Gerät anbringen zu müssen. [1][h]

5. Schluss

Trotz des Todes von Benoît Mandelbrot hinterließ er mit seiner umfassenden Forschungsarbeit und den mittlerweile sehr populären Fraktalen ein großes Erbe für die Mathematik, dem auch nach seinem Tod große Bedeutung zukommt.

In Zukunft kommt es nun darauf an, dieses Vermächtnis weiterzuführen und auf den Einfluss der fraktalen Geometrie in unserer Umwelt und der von uns gestalteten gesellschaftlichen Strukturen, wie der drahtlosen Kommunikation, zu setzen und diese somit weiterzuentwickeln. Die fraktale Geometrie bietet auch heute noch viele offene Fragestellungen, die es zu lösen gilt, um das große Potenzial der Fraktale zu berücksichtigen und vollständig für uns nutzbar machen zu können. Es gibt momentan viel Bewegung und Aufsehen im Bereich dieses Teilgebiets der Mathematik. Vor allem in den Bereichen Umwelt- und Klimaschutz und moderne Kommunikationsmittel, in denen man ständig neue und revolutionäre Lösungen suchen muss – ob zum Retten unseres Planeten Erde oder zum Erzielen von Gewinnen – stützt man sich momentan mehr als je zuvor auf Fraktale und ihre praktischen Anwendungsmöglichkeiten. Doch die Forschung und Entwicklung in diese Richtung ist so schnell noch nicht vollendet, fortlaufend werden neue Lösungen und Produkte präsentiert, die auf die neusten Erkenntnisse setzen, weshalb es von größter Bedeutung ist, auch künftig der fraktalen Geometrie eine große Bedeutung in der Forschung zukommen zu lassen.

Aber nicht nur in der Theorie und der Technik, auch in der Kunst und dem alltäglichen Leben ist der Einfluss von Benoît Mandelbrot und seiner Forschung weithin sichtbar. Fraktale genießen seit ihrer Entdeckung große Popularität auch außerhalb der Wissenschaft. So sind Fraktale als Kultzeichen auf T-Shirts und Mützen und Mandelbrot als Pionier für eine moderne Lebensweise bekannt. Fraktale werden als Sinnbild für eine moderne Welt betrachtet, an deren Entwicklung sich plötzlich ein jeder beteiligen kann.

6. Anhang

6.1. Literaturverzeichnis

[1] Nova: *Benoît Mandelbrot: Fraktale – die verborgene Dimension*; ISBN: 978-3-8312-9945-4

      [a] Vgl. ab 0:00

      [b] Vgl. ab 1:13

      [c] Vgl. ab 12:00

      [d] Vgl. ab 13:20

      [e] Vgl. ab 13:36

      [f] Vgl. ab 34:28

      [g] Vgl. ab 44:50

      [h] Vgl. ab 30:40

[2] https://www.webofstories.com/playAll/benoit.mandelbrot; zuletzt aufgerufen am 20.10.2019

      [a] Vgl. Kapitel 1

      [b] Vgl. Kapitel 6

[3] Vgl. https://www.nytimes.com/2010/10/17/us/17mandelbrot.html; zuletzt aufgerufen am 20.10.2019

[4] Vgl. https://www.economist.com/obituary/2010/10/21/benoit-mandelbrot; zuletzt aufgerufen am 20.10.2019

[5] Benoit Mandelbrot: *Die fraktale Geometrie der Natur*; ISBN: 3-7643-2646-8

      [a] Vgl. S. 373

      [b] Vgl. ab S. 37

[6] Vgl. https://www.spektrum.de/lexikon/physik/selbstaehnlichkeit/13179; zuletzt aufgerufen am 20.10.2019

[7] https://de.wikipedia.org/wiki/Fraktal; zuletzt aufgerufen am 20.10.2019

[8] https://quadsoft.org/fraktale/#x1-200003.1; zuletzt aufgerufen am 20.10.2019

[9] Vgl. https://de.wikipedia.org/wiki/K%C3%BCstenl%C3%A4nge; zuletzt aufgerufen am 20.10.2019

6.2. Abbildungsverzeichnis

Abb. 1: https://upload.wikimedia.org/wikipedia/commons/1/19/Benoit_Mandelbrot_mg_1804.jpg

Abb. 2: https://upload.wikimedia.org/wikipedia/commons/3/38/Sierpinski-zoom4-ani.gif; bearbeitet durch Verfasser

Abb. 3: https://www.michael-holzapfel.de/themen/sierpinski/b_sdreieck.gif; bearbeitet durch Verfasser

Abb. 4: erstellt durch Verfasser

Abb. 5: erstellt durch Verfasser; mit Programm *Fractalizer*

Abb. 6: erstellt durch Verfasser; mit Programm *Fractalizer*

Abb. 7: https://upload.wikimedia.org/wikipedia/commons/7/78/Britain-fractal-coastline-200km.png, https://upload.wikimedia.org/wikipedia/commons/c/c8/Britain-fractal-coastline-100km.png, https://upload.wikimedia.org/wikipedia/commons/f/f9/Britain-fractal-coastline-50km.png; bearbeitet durch Verfasser